深圳野生兰花

陈建兵　王美娜
潘云云　饶文辉　等 著

图书在版编目（CIP）数据

深圳野生兰花 / 陈建兵等著 . -- 北京：中国林业出版社，2020.10

ISBN 978-7-5219-0862-6

Ⅰ．①深… Ⅱ．①陈… Ⅲ．①野生植物－兰科－深圳
Ⅳ．① Q949.71

中国版本图书馆 CIP 数据核字 (2020) 第 202746 号

出版发行　中国林业出版社
（100009 北京西城区刘海胡同 7 号）
邮　　箱　36132881@qq.com
电　　话　010-83143545
印　　刷　北京中科印刷有限公司
版　　次　2020 年 10 月第 1 版
印　　次　2020 年 10 月第 1 次
开　　本　880mmx 1230mm　1/32
印　　张　7
字　　数　160 千字
定　　价　128.00 元

《深圳野生兰花》

著者名单

陈建兵　王美娜　潘云云　饶文辉
王　鹏　陈利君　李利强　王　凯
孔德敏　陈宇宁　王　蒙　陈敏霞
唐凤霞

摄　影

潘云云　饶文辉　陈利君　王晓云
丘俊杰

序

兰科植物是种子植物三大科之一，拥有 800 多属 30000 余种，素有植物界的“大熊猫”之称。野生兰科植物均被《野生动植物濒危物种国际贸易公约（CITES）》列入保护名单，具有重要的科研与保育价值。中国约有兰科植物 200 属 1700 多种，其中蝴蝶兰属 *Phalaenopsis*、兰属 *Cymbidium* 等具有重要的观赏价值；石斛属 *Dendrobium*、天麻属 *Gastrodia*、白及属 *Bletilla*、金线兰属 *Anoectochilus* 等具有重要的药用价值。

兰花幽香清远，素洁脱俗，深受人们的喜爱，国人历来把它看作是高洁典雅的象征，并与梅、竹、菊并列合称“四君子”。自古以来，养兰、咏兰、画兰、写兰者来去匆匆，在我国古代文献中多有所见，留下了大量珍贵的文化与艺术遗产，已成为传统文化的一个重要组成部分。

岭南地区盛产兰花，其栽培的历史悠久，很早就被各类典籍所关注和记载。清代屈大均编撰的《广东新语》中对兰花作了很高的评价：“兰为香祖，兰无偶，乃第一香，以桠兰为上。”李调元著的《南越笔记》中也有类似的记载。深圳市人文历史悠久，境内于东晋咸和六年（332 年）始设宝安县，唐肃宗至德二年（757 年）至明代 1573

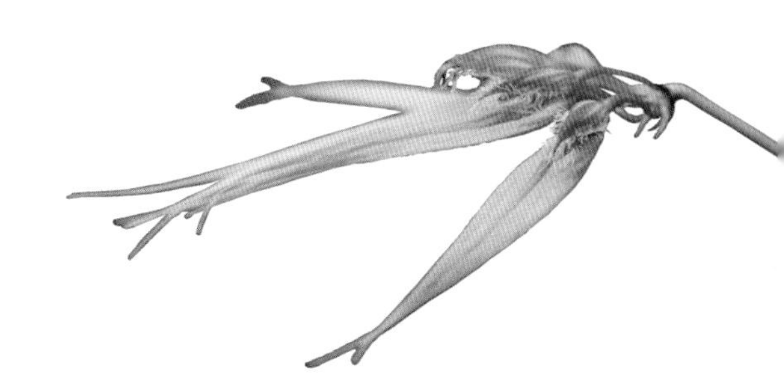

年易为东莞属地。1464 年吴中修、卢祥编撰的《东莞志》和 1688 年靳文谟等撰修的《康熙新安县志》就有观赏兰花和药用白及的记载，可见深圳在明清时期已盛行种兰、赏兰，同时兰花还被用于治病。清代较详细记载兰花的古籍首推1819年王崇熙编纂的《嘉庆新安县志》，该志记载：“兰为香祖，以椏兰为上，茎多歧出，其叶长至三尺，蕾尖花大且繁，常有一茎及椏，开至五十余花者；色黄，有紫点，香味甚厚，称‘隔山香’。次则‘公孙福’，每一大茎，辅以二小茎，若公之领孙。又次曰‘出架白’，又名素心。又次则‘青兰’，叶长二尺，小而直，其花青碧，以白干者为上，紫干次之；又次为‘黄兰’，叶长而稍大，花淡黄，有小红纹；又次为‘草兰’，以短叶白干者为上，有单花、双花之别。”可见，清代深圳地区的艺兰与赏兰已具较高的水平。

深圳市境内地貌复杂，植被类型多样，植物种类丰富，是南亚热带常绿阔叶林和植物区系的典型代表。深圳市政府非常重视深圳市的植物本底调查和兰科植物的保育工作，积极开展兰花的调查与引种驯化工作。2005 年，国家林业局在深圳成立了“全国兰科植物种质资源保护中心”；2006 年，深圳市成立“深圳市兰科植物保护研究中

心”，深入开展兰科植物的保护生物学研究。建成全国规模最大、种类最多的兰花种质资源库，已收集保存国内外兰科植物种质资源超过1600种，活体植株160万株，遗传材料13000多份。出版著作19部，在《Nature》《Nature Genetics》等国内外学术刊物上发表论文300多篇，发现了兰科3个新亚族，8个新属和80多个新种。上述研究成果极大地提高了深圳在全国兰科植物研究中的地位。

《深圳野生兰花》一书是该中心技术人员在全面开展野外调查和迁地保育的基础上，参考前人的研究资料编辑而成，共收录深圳的兰科植物共48属96种，较之以前增载5属20种。内容包括每种植物的中文名、学名、分布与生境，以及该种在深圳的种群现状与受威胁状况等。该书鉴定力求准确，描述简明扼要，图片清晰，是一部集实用性、科学性与科普性于一体的著作，它的出版将对深圳兰科植物的保育具有重要的科学意义，同时对于兰科植物的物种鉴定与可持续利用等也具有重要的参考价值。

是为序。

中国科学院华南植物园

2020年10月1日

前言

深圳地处北回归线以南，南接香港，西连珠江口，东临大鹏湾，背山面海，属于南亚热带海洋性季风气候，全年气候温和，雨量充沛，日照时间长，热量充足。复杂的地理环境及独特的气候条件，孕育了比较丰富的野生兰科植物。

《深圳野生兰花》共收录了 48 属 96 种本地兰科植物，是目前收录最为齐全，以原生境图片呈现的深圳野生兰科植物图鉴，其中包括 5 个新纪录属 20 个新纪录种。每个物种附有简单的、易于区别的文字描述，地理分布，生境和深圳种群状况濒危等级的评价，是适合初学者、业余爱好者和专业人士参考的工具书。

希望通过这本书能让大家在欣赏深圳野生兰花的同时，也能正确地认识到野生兰花正面临人为胁迫问题的严重性，能够约束自己的行为，爱惜深圳本土的兰花，对自然界的万物生灵存有一份敬畏之心，守护好眼前的这片绿水青山。

著　者

2020 年 5 月

目 录

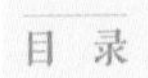

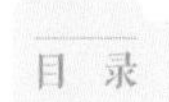

深圳自然资源概况

深圳地处广东省南部，南亚热带沿海地区，东经 113° 43′ ~ 114° 38′，北纬 22° 24′ ~ 22° 52′，总面积 1997.47hm^2。东临大亚湾和大鹏湾，西濒珠江口和伶仃洋，南边深圳河与香港相联，北部与东莞、惠州两城市接壤。

深圳属于南亚热带海洋性季风气候，雨量充沛，热量充足，气候温和。夏季长达 6 个月。春秋冬三季气候温暖。常年平均气温 22.4℃，最高月均气温为 28.1℃，最低月均气温为 12.1℃，极端气温最高 38.7℃，最低 0.2℃；平均年降雨量 1933.3mm；日照 2120.5h。全年气候温和，雨量充足，日照时间长。

深圳属于低山丘陵滨海区，背山面海，全境地势东南高，西北低。地貌呈东西方向带状展开，南部及东南部多丘陵山地。梧桐山、七娘山、梅沙尖、排牙山、笔架山海拔均超过600m，最高峰梧桐山（海拔 944m）。

深圳的植被类型多样，从红树林到滨海沙生植被、沟谷雨林、山地常绿阔叶林、灌丛和草地均有代表；植物种类丰富，《深圳植物志》共收载了野生维管植物 213 科 929 属 2080 种，其中可作为药用的有 1500 余种。深圳植物区系主要以热带、亚热带成分为主，主要优势科有茜草科 Rubiaceae、樟科 Lauraceae、山茶科 Theaceae、桑科 Moraceae、壳斗科 Fagaceae、野牡丹科 Melastomataceae、山矾科 Symplocaceae、桃金娘科 Myrtaceae、杜鹃花科 Ericaceae 等。

梧桐山

深圳野生兰科植物分布及特点

一、深圳地区野生兰分布

深圳复杂的地理环境及独特的气候条件，孕育了丰富的野生兰科植物资源，有48属96种，主要分布在深圳东南部地区。这里呈现一定的山地特征，依山傍海，植被类型多样，热量充足，降水丰富，为兰科植物提供了适宜且多样的环境。其中梧桐山和七娘山为深圳野生兰科植物集中分布区，种类最丰富，其次是排牙山、梅沙尖和马峦山。

二、深圳野生兰科植物特点

1. 种类较为丰富，具有明显的原始性

深圳48属96种兰科植物中，包含五大

亚科，即拟兰亚科 Apostasioideae、香荚兰亚科 Vanilloideae、杓兰亚科 Cypripediodeae、兰亚科 Orchidoideae 和树兰亚科 Epidendroideae。其中较原始的类型拟兰亚科的 2 属 4 种在深圳都有分布，说明深圳兰科植物区系较古老，具有明显的原始性。

2. 以热带、亚热带成分为主，具有明显的从热带向亚热带过渡的特点

深圳处于跨南亚热带，在气候上有明显的南亚热带特点，其兰科植物的区系成分必然受此影响深刻。许多热带成分向北扩散于此，如贝母兰属 *Coelogyne*、鹤顶兰属 *Phaius*、美冠兰属 *Eulophia* 等属的植物本区均有代表。但是石斛属 *Dendrobium*、管花兰属 *Corymborkis*、钻柱兰属 *Pelatantheria* 等一些典型的热带附生兰却不见于本区。另一方面，温带种类也有不少分布，如舌唇兰属 *Platanthera*、玉凤花属 *Habenaria*、斑叶兰属 *Goodyera* 等，但杓兰属 *Cypripedium*、红门兰属 *Orchis* 等典型的北温带种类在本区未有分布。说明本区兰科植物存在明显的从热带向亚热带过渡的特点。

3. 生活型多样，以地生兰为主，附生兰占相当比例，腐生兰罕见

深圳野生兰科植物涵盖了兰科全部生活型，即有地生、附生、腐生 3 种生活型，其中以地生兰为主，有 54 种；附生兰 37 种；腐生兰极为罕见，只有 5 属 5 种。

4. 深圳野生兰科植物区系成分较为复杂，以单型属、寡型属为主

根据吴征镒关于中国植物属的分布区类型的划分，15 个类型中，深圳兰科植物占了 9 个类型，区系成分较为复杂，各种地理成分相互交错。区系组成中，以单型属、寡型属为主，单种属 28 个，含 2 ~ 3 个种的寡型属 9 个。说明深圳兰科植物区系属内种的数量比较贫乏，具有明显的过渡渗透性质。

5. 特有种较丰富

在深圳兰科植物资源中，我国特有种较丰富，有 22 种，占总种数的 22.9%。

细叶石仙桃 *Pholidota cantonensis* Rolfe.

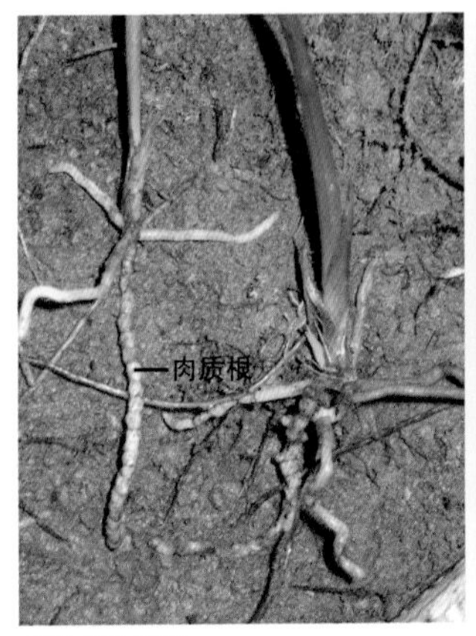

地生兰生活型

腐生兰生活型

兰科植物的形态特征

兰科植物（Orchidaceae）多为地生、附生或菌根营养型（腐生）草本，罕见攀援藤本。为了适应其生存环境，兰科植物也演化出不同的根、茎、叶结构。地生与腐生种类常具有块茎或肥厚的根状茎、肉质根，叶基生或茎生。附生种类通常有由茎膨大而成的假鳞茎、发达的肉质茎和气生根，叶扁平、圆柱形或两侧压扁，通常互生或生于假鳞茎顶端或近顶端。

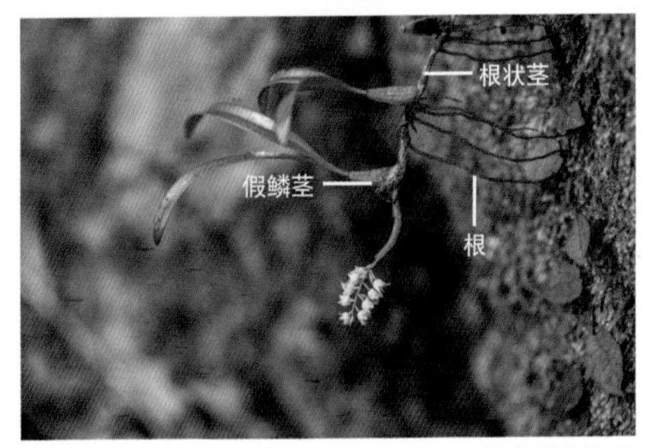

附生兰生活型

花

兰科植物的花通常具有6枚花被片，常两侧对称；最外一轮3枚花被片称萼片，侧生的萼片有时与蕊柱足贴生形成萼囊，有时合生成合萼片；内轮3枚花被片称花瓣，中间花瓣特化成唇瓣，明显不同于两侧花瓣；两侧花瓣有时与中萼片合生成兜状。

雌雄蕊合生成合蕊柱，是兰科植物最重要的识别特征。蕊柱顶端通常具药床和1个花药，花粉团状，腹面有1个柱头穴；柱头与花药之间的舌状器官，称蕊喙。

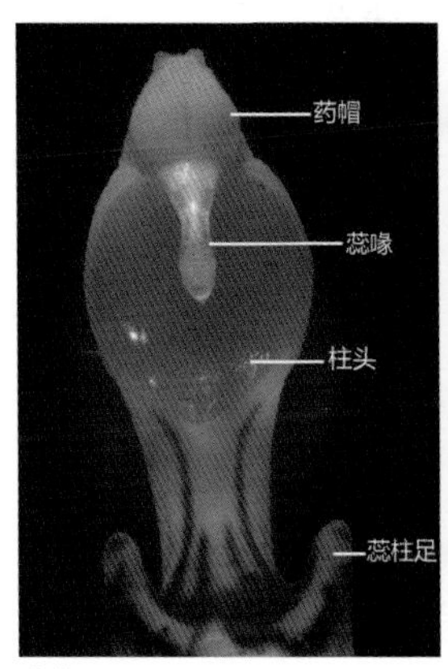

蕊柱

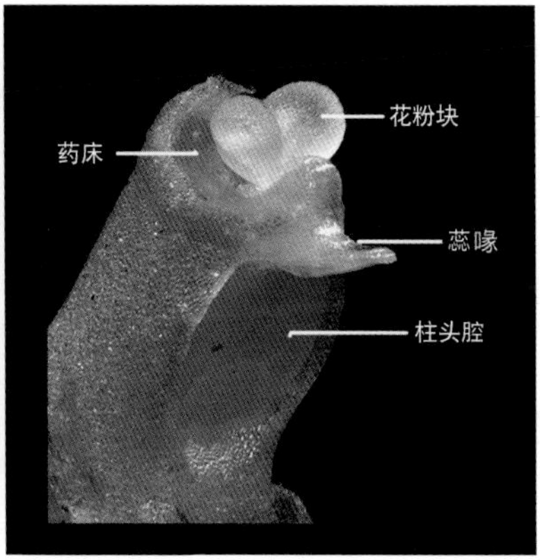

蕊柱

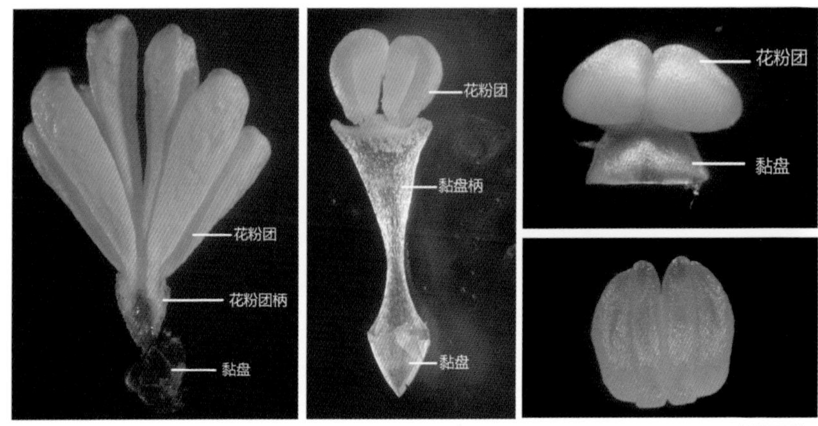

花粉团块

兰科植物的花粉通常粘合成花粉团块，包含2个或多个花粉团，黏盘柄或花粉团柄和黏盘；有些种类不具有花粉团柄或黏盘柄。

兰科植物的果实多数为蒴果，圆柱形，成熟时沿线开裂。种子多，几千至几百万粒，呈粉末状，小而轻，无胚乳。

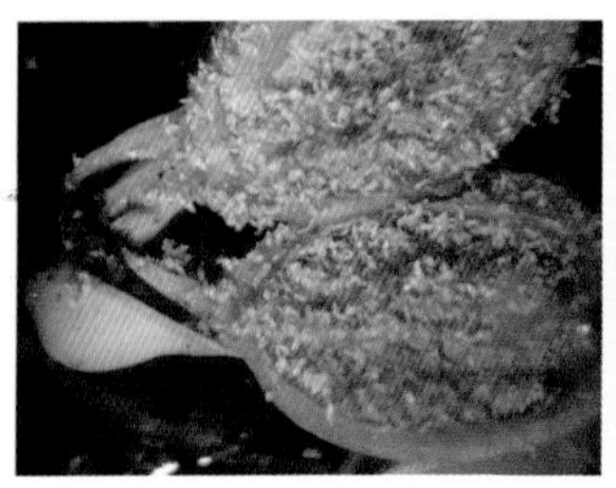
果实

显微镜下种子

根与茎相关概念

根 (Root)：从假鳞茎、根状茎、块茎或茎上发出的通常肉质的侧生根或气生根，从土壤里或空气中吸收水分和矿物质。有些会与真菌共生形成菌根。

根状茎 (Rhizome)：横走在地下或附着在树干和石头上圆柱形、无叶的茎。

块茎 (Tuber)：膨大成卵形、椭圆形或其他不规则形状的地下茎。

假鳞茎 (Pseudobulb)：膨大成卵形、锥形等多种形状的绿色地上茎。

花相关概念

苞片 (Bract)：变态的叶，位于花序、花梗、花的基部，花生在其腋内，也称花苞片；有时颜色较艳丽。

萼片 (Sepal)：最外一轮花被片，通常像花瓣一样艳丽多彩。

中萼片 (Dorsal sepal)：指位于蕊柱正上方或正下方的萼片。

侧萼片 (Lateral sepal)：指位于蕊柱两侧的萼片。

合萼片 (Synsepal)：由两侧萼片合生而成的。

花瓣 (Petal)：内轮的左右两侧花被片。

唇瓣 (Lip)：内轮位于蕊柱正下方或正上方的特化的花被片。

后唇 (Hypochile)：指由于中部收缩将唇瓣分为2或3部分时，靠近基部的那部分。

中唇 (Mecochile)：唇瓣中部收缩成3部分，连接后唇和前唇的中间部位。

前唇 (Epichile)：指由于中部收缩将唇瓣分为2或3部分时，靠近先端的那部分。

距 (Spur)：唇瓣基部延伸的圆筒状、圆球状等形状的结构。

萼囊 (Mentum)：侧萼片与蕊柱足基部组成的囊状结构。

褶片 (Lamella)：唇瓣上的薄片或薄脊组织。

蕊柱 (Column)：雌雄蕊合生的柱状体。

蕊柱足 (Column foot)：蕊柱基部延伸的部分。

蕊喙 (Rostellum)：位于花药和柱头之间由柱头衍生出来的结构。

柱头 (Stigma)：接收花粉的部位。

花药 (Anther)：提供花粉的地方。

药床 (Clinandrium)：柱头顶端储存花药的凹槽。

药帽 (Anther cap)：花药顶端帽状结构。

退化雄蕊 (Staminode)：由雄蕊退化的呈各种形状的结构。

花粉团 (Pollinia)：花粉粘合而成的团块。

花粉团柄 (Caudicle)：由花药衍生出来的，连接花粉和黏盘柄或黏盘。

黏盘柄 (Stipe)：来源于蕊喙的花粉柄。

黏盘 (Viscidium)：蕊喙的黏性部分，通常连接花粉团。

花粉块 (Pollinarium)：包含2个或多个花粉团、黏盘柄或花粉团柄和黏盘。

深圳野生兰科植物

拟兰亚科
Subfam. Apostasioideae

拟兰属 *Apostasia* Bl.

多枝拟兰

Apostasia ramifera S. C. Chen et K. Y. Lang

地生植物，高约 13cm。茎直立，多分枝，近顶端具多枚叶。叶片卵状披针形，先端具芒尖。花黄色，较小，直径约 5mm。萼片长圆形，先端具短尾尖；花瓣与萼片相似；唇瓣特化不明显，与花瓣相似；蕊柱直立。花期 5～6 月。

我国特有种。深圳仅三洲田有分布，喜生长在山地林下沟边较阴湿的地方。种群自身繁衍较困难，深圳野外居群数量稀少，极危。

深圳拟兰

Apostasia shenzhenica Z. J. Liu et L. J. Chen

地生植株，高 8～12cm。根状茎上具许多近球形的块茎状根。茎纤细，基部稍木质，上部具多枚叶。叶卵状披针形，先端具芒尖。花淡黄绿色，不完全开放；萼片相似，狭椭圆形，先端具长尾尖；花瓣相似，近长椭圆形；唇瓣与花瓣无明显区别；不育雄蕊明显长于柱头，约 2/3 部分与蕊柱粘合。花期 5～6 月。

我国特有种。深圳仅在三洲田，梧桐山有分布，喜生长在阔叶林下阴湿处。自身繁衍较困难，深圳野外植株不足 30 株，极危。

三蕊兰属 *Neuwiedia* Bl.

三蕊兰

Neuwiedia singapureana (Wall.Baker) Rolfe

地生植物，高约 50cm。叶片披针形至长圆状披针形，先端长渐尖。花绿白色，不甚张开；萼片长圆形或狭椭圆形，先端具芒尖；花瓣倒卵形或宽楔状倒卵形，先端具短尖；中央花瓣（唇瓣）与侧生花瓣相似。花期 5～6 月。

深圳七娘山、梅沙尖有分布，喜生于海拔 200～500m 的林下。种群相对较稳定。

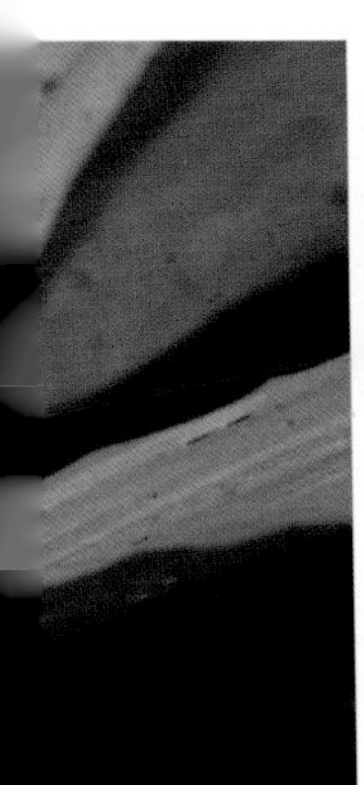

麻栗坡三蕊兰

Neuwiedia malipoensis Z. J. Liu, L. J. Chen et K.W. Liu

地生植物，高约 70cm。根状茎伸长，具明显的节。茎较短，簇生多枚叶。叶长圆状披针形，先端长渐尖。花葶粗壮；花白色，仅唇盘上具黄色线状胼胝体；萼片狭椭圆形，中萼片稍小于侧萼片；花瓣宽楔形，先端具短尖头，背面疏被腺毛；唇瓣宽倒卵形，边缘缺刻状；唇盘上具肉质线状的胼胝体。花期 6～8 月。

我国特有种。深圳分布于七娘山，喜生于阔叶林下隐蔽处。种群数量相对较稳定。

香荚兰亚科 Subfam. Vanilloideae

香荚兰属 *Vanilla* Plumier ex P. Miller

深圳香荚兰

Vanilla shenzhenica Z.J.Liu et S.C.Chen

攀援植物，高达2m。叶革质，椭圆形。花不完全开放，淡黄绿色，唇瓣具紫红色和白色附属物；萼片和花瓣长椭圆形；唇瓣宽倒卵形，基部3/4与蕊柱合生成管状。花期2～3月。

我国特有种。深圳梅沙尖、龙岗有记录，喜生于海拔50～400m的山谷较陡荫石崖或大树上。由于人为采挖，深圳野外种群数量正在急剧下降，濒临灭绝。

盂兰属 *Lecanorchis* Bl.

全唇盂兰

Lecanorchis nigricans Honda

腐生植物，高 10～40cm。根状茎木质。茎纤细，黑褐色，不分枝或基部分枝，具2～4枚疏离的鳞片状鞘。花白色或偶带浅褐色，唇瓣先端紫红色；萼片线形；侧萼片略狭于中萼片，偏斜；花瓣线状披针形；唇瓣狭倒卵状长圆形，不裂或不明显 3 裂；唇盘上具乳头状毛。花期 8 月。

深圳分布于七娘山，喜生于海拔 500～700m 的林缘多石处。未被破坏的原始林内保留了一定数量的种群。

兜兰属 *Paphiopedilum* Pfitz.

紫纹兜兰

Paphiopedilum purpuratum (Lindl.) Stein

地生或半附生植物，茎短。叶基生，长圆状椭圆形，上面具暗绿色与浅黄绿色相间的网格斑。花较大，直径 8～10cm；中萼片白色具紫红色粗脉纹，卵状心形；合萼片淡绿色具深色脉，卵形或卵状披针形；花瓣紫红色或浅栗色具深色纵脉纹、绿白色晕和黑色疣点，近长圆形；唇瓣紫褐色或淡栗色，倒盔状；囊近宽长圆状卵形；退化雄蕊肾状半月形或倒心状半月形。花期 10 月至次年 1 月。

深圳分布较广泛，梧桐山、七娘山、梅沙尖、三洲田均有分布，喜生于海拔 700m 以下的林下腐殖质丰富多石之地。人为采挖较严重，深圳野外数量逐渐减少，在未被破坏的原始林内分布一定数量的居群，濒危。

兰亚科
Subfam. Orchidoideae

斑叶兰属 *Goodyera* R. Br.

多叶斑叶兰

Goodyera foliosa (Lindl.) Benth. ex C. B. Clarke

地生或半附生植物，高13～26cm。茎直立，上半部疏生4～6枚叶。叶片卵形，偏斜。花不完全展开，白色带粉红色；萼片狭卵形，凹陷，被毛；花瓣斜菱形，无毛，与中萼片粘合呈兜状；唇瓣卵形，后唇凹陷呈囊状，囊内面具乳突，前唇舌状，近先端略反曲。花期7～9月。

深圳分布较广泛，梧桐山、七娘山、羊台山、梅沙尖均有分布，喜生于海拔300～700m的阔叶林下或沟谷边阴湿处。种群数量稳定。

高斑叶兰

Goodyera procera (Ker Gawl.) Hook.

地生或半附生植物，高 20 ～ 80cm。茎直立，具 6 ～ 8 枚叶。叶片狭椭圆形，先端渐尖。花芳香，淡绿白色；中萼片卵形，凹陷；侧萼片斜卵形，与花瓣粘合呈兜状；花瓣匙形；唇瓣宽卵形，后唇凹陷，囊状，内有乳突，前唇反折，唇盘上具 2 枚胼胝体。花期 4 ～ 5 月。

深圳分布广泛，野外较常见，梧桐山、马峦山、梅沙尖、七娘山、排牙山等山地均有分布，喜生于海拔 200 ～ 800m 的沟谷边阴湿处。种群数量相对较多。

歌绿斑叶兰

Goodyera seikoomontana Yamam.

地生或半附生植物，高 12～20cm。茎直立，具 3～5 枚叶。叶片长圆状卵形。花茎被短柔毛，红褐色。花较大，展开，绿色，无毛；中萼片卵形，凹陷，与花瓣粘合呈兜状；侧萼片向后伸展，卵状椭圆形，先端急尖；花瓣斜菱形；唇瓣卵形，后唇凹陷呈囊状，囊内具密集乳突，前唇三角状卵形，反折。花期 2 月。

我国特有种。深圳分布于七娘山，三洲田；喜生于海拔 300～700m 的林下溪谷边阴湿处。种群数量相对较多。

绿花斑叶兰

Goodyera viridiflora (Bl.) Lindl. ex D. Dietrich

地生植物，高 10～20cm。茎直立，通常具 3～5 枚叶。叶斜卵形、卵状披针形。花茎红褐色，被短柔毛；花较大，绿褐色，开展，无毛；萼片椭圆形，中萼片凹陷，侧萼片向后伸展；花瓣斜菱形，与中萼片粘合呈兜状；唇瓣卵形，舟状，前唇绿褐色，凹陷，囊状，囊内具密集的腺毛，前唇白色，舌状。花期 8～9 月。

深圳分布于梧桐山，喜生于海拔 500～600m 的阔叶林下。在未被破坏的原始林内保存有数量较多的居群。

血叶兰属 *Ludisia* A. Rich.

血叶兰

Ludisia discolor (Ker Gawl.) A. Rich.

地生或半附生植物，高 8～25cm。叶片卵形或卵状长圆形，先端急尖或短尖，上面黑绿色，具 5 条金红色有光泽的脉，背面淡红色。花白色带淡红色；中萼片卵状椭圆形；侧萼片斜卵形或近椭圆形；花瓣近半卵形，先端钝；唇瓣基部具囊，顶部扩大成横长方形片。花期 2～4 月。

深圳分布于七娘山、排牙山，喜生于海拔 200～700m 的山坡或沟谷常绿阔叶林下阴湿处。人为采挖较严重，种群数量急剧下降，极危。

钳唇兰属 *Erythrodes* Bl.

钳唇兰

Erythrodes blumei (Lindl.) Schltr.

地生植物，高 20～60cm。茎直立，圆柱形，下部具 3～6 枚叶。叶片卵形或卵状披针形，具 3 条明显的主脉。花较小，红褐色或褐绿色，唇瓣白色；中萼片凹陷，长椭圆形；侧萼片张开，斜椭圆形；花瓣倒披针形，与中萼片粘合呈兜状；唇瓣 3 裂，侧裂片直立，中裂片反折。花期 4～5 月。

深圳分布于羊台山，喜生于海拔约 200m 的阔叶林下阴湿处。种群数量相对较多。

叉柱兰属 *Cheirostylis* Bl.

叉柱兰

Cheirostylis clibborndyeri S. Y. Hu et Barretto

附生植株，高约15cm。茎直立，具2～5枚叶。叶莲座状，卵形，先端急尖，基部心形。花小，奶白色，不开展；萼片绿褐色，下部约3/5合生成筒状，分离部分三角形；花瓣与中萼片贴生，白色具绿色脉纹，卵形至卵状披针形；唇瓣白色着绿色，匙形。花期3～4月。

我国特有种。深圳分布较广泛，梧桐山、七娘山、羊台山等山地均有分布，喜生于海拔300～700m的阔叶林下沟谷边阴湿石上。种群数量相对较多。

琉球叉柱兰

Cheirostylis liukiuensis Masam.

附生植物，高约 8cm。茎直立，散生 3 或 4 枚叶。叶片卵圆形，背面深红色。花小，白色略带红褐色；萼片下部 2/3 处合生成筒状，分离部分 3 裂；花瓣与中萼片贴生，斜长圆形或倒披针形；唇瓣分 3 部分，后唇浅囊状，囊内具叉状 2 裂的胼胝体；中部收狭；前唇膨大，基部具 1 对绿色斑点，2 裂，裂片近方形，边缘波状或 2～3 齿状。花期 1～2 月。

深圳分布于三洲田，喜生长在海拔 200～800m 的原始林下。在原始林内保留了数量较稳定的居群。

粉红叉柱兰

Cheirostylis jamesleungii S. Y. Hu et Barretto

附生植物，高约10cm。茎直立，具2或3枚小叶。叶片近心形，红绿色具深绿色网状脉。花小，萼片绿色着粉色，花瓣和唇瓣白色；萼片中部以下合生成筒状，分离部分三角形；花瓣偏斜，披针形；唇瓣分3部分，后唇囊状，囊内具2枚2或3裂的胼胝体，中部边缘内卷，前唇膨大近长方形，2裂，裂片近四方形，边缘波状具5或6枚宽齿。花期3月。

我国特有种。深圳十分罕见，仅在七娘山有发现，喜生于海拔约600m的阔叶林下溪边苔藓丰富的石头上。种群数量稀少，极危。

云南叉柱兰

Cheirostylis yunnanensis Rolfe

附生植物，高 9～18cm。茎直立，具 2～3 枚叶。叶片卵形，常在花期枯萎，绿色。花小，白色；萼片中下部合生成筒状，分离部分三角状卵形；花瓣与中萼片贴生，狭倒披针状长圆形，偏斜；后唇囊状，囊内具 2 枚梳状、3～4 枚齿状胼胝体，中部收狭，具 2 条褶片，前唇膨大呈扇形，2 裂，裂片边缘具 5～7 枚不规则齿。花期 3～4 月。

深圳分布于七娘山，喜生于海拔约 300m 的山坡或林下沟旁阴处岩石上。种群数量稀少，濒危。

菱兰属 *Rhomboda* Lindl.

小片菱兰

Rhomboda abbreviata (Lindi.) Ormerod

地生植物，高 15～26cm。茎暗红色，具 3～6 枚叶。叶片背面淡绿色，正面中脉具白色条纹，卵形或卵状披针形。花小，半张开；萼片红褐色，宽卵形，侧萼片稍偏斜；花瓣白色，卵状披针形；唇瓣白色，宽卵形，舟状，后唇凹陷呈囊状，基部具 2 枚大的角状胼胝体；前唇三角形，边缘内卷，先端截形具尖锐的角，有时中央具 1 小的顶尖。花期 9～10 月。

深圳分布较广泛，梧桐山、三洲田，马峦山等山地均有分布，喜生于海拔 500～600m 的阔叶林下隐蔽处。种群数量相对较多。

线柱兰属 *Zeuxine* Lindl.

线柱兰

Zeuxine strateumatica (L.) Schltr.

地生植物，高 5～30cm。叶线形或线状披针形。花白或黄白色；中萼片窄卵状长圆形；侧萼片斜长圆形；花瓣歪斜的半卵形或近镰状，与中萼片粘贴呈兜状；唇瓣淡黄或黄色，舟状，基部囊状。花期 3～5 月。

深圳各山地和公园均有分布，较常见，喜生于海拔 50～400m 的草坡或者林下山坡。种群数量较多。

白花线柱兰

Zeuxine parvifolia (Rid.) Seidenf.

地生植物，高 15～25cm。茎直立，淡紫褐色，具 3～6 枚叶。叶卵形至椭圆形，边缘具乳突。萼片暗绿色至紫褐色，中萼片卵状披针形；侧萼片长圆形，稍偏斜；花瓣白色，近长圆状披针形，偏斜；唇瓣白色，呈“T”字形；后唇囊状，具 2 枚钻形且钩状的胼胝体；中部边缘内卷；前唇横向膨大成 2 裂片，裂片长圆形。花期 9～11 月。

深圳分布于梧桐山，喜生长在海拔 200～700m 的林下沟谷边阴湿处。种群数量较多。

黄唇线柱兰

Zeuxine sakagutii Tuyama

地生植物，高 30～50cm。叶在花期常枯萎或下垂，卵状披针形或卵形。总状花序疏生 10 余朵小花；萼片绿褐色，卵状披针形；花瓣黄白色，近长圆状披针形；唇瓣黄色，呈“T”字形；先端膨大，横向椭圆形，2 裂。花期 2～4 月。

深圳分布于梧桐山、羊台山，喜生于海拔 400～700m 的林下沟谷边阴湿处。种群数量稳定。

二尾兰属 *Vrydagzynea* Bl.

二尾兰

Vrydagzynea nuda Bl.

地生植物，高 8～20cm。叶卵形或卵状椭圆形。花白色，萼片有时淡绿色；中萼片窄卵状长圆形，与花瓣粘合呈兜状；侧萼片斜卵状披针形，先端向上弯曲，背面近前端具龙骨状突起；花瓣线形或长卵状；唇瓣椭圆形、倒卵形或近圆形，中部具肉质脊。花期 3～5 月。

深圳分布于七娘山、梅沙尖，喜生于海拔 300～700m 的阴湿林下或山谷湿地上。种群数量相对较少，濒危。

金线兰属 *Anoectochilus* Bl.

金线兰

Anoectochilus roxburghii (Wall.) Lindl.

地生植物，高 6 ~ 20cm。茎直立，具 2 ~ 5 枚叶；叶卵形，上面暗绿色或墨黑紫色，具金黄色网状脉。萼片与花瓣棕褐色，唇瓣白色；中萼片与花瓣粘合呈兜状；侧萼片斜长圆形，张开；花瓣镰刀状，质地薄；唇瓣呈“Y”字形；后唇两侧各具 6 ~ 8 条流苏状细裂条，前唇纵向前端膨大并 2 裂。花期 10 ~ 11 月。

深圳分布于梅沙尖、七娘山、梧桐山，喜生于海拔 800m 以下的阔叶林下阴湿沟谷边腐殖土中。人为采挖严重，种群数量逐渐减少，极危。

齿唇兰属 *Odontochilus* Bl.

腐生齿唇兰

Odontochilus saprophyticus (Aver.) Ormerod

腐生植物，菌根营养，高约18cm。根状茎块状。茎直立，粉红色，无叶，具6～7枚鳞状鞘。花萼片橄榄粉红色，花瓣及唇瓣白色；中萼片与花瓣合生呈兜状；侧萼片反折，长圆形；花瓣狭长圆形，唇瓣“T”形，后唇凹囊状，基部具2枚舌状附属物；前唇2裂，裂片近方状卵形。花期5～6月。

深圳梅沙尖有分布，喜生长在海拔约300m的竹林下落叶层腐殖质丰富的地方。种群数量少于10株，十分罕见，极危。

绶草属 *Spiranthes* Rich.

香港绶草

Spiranthes hongkongensis S.Y.Hu et Barretto

地生植物，高 10 ~ 50cm。叶片宽线形或宽线状披针形，先端急尖或渐尖。总状花序呈螺旋状扭转；花白色，被腺状柔毛；中萼片狭长圆形，先端稍尖，与花瓣靠合呈兜状；侧萼片斜披针形，先端稍尖；花瓣斜菱状长圆形，先端钝；唇瓣宽长圆形，基部增厚部分生有 2 枚球形腺体。花期 7 ~ 8 月。

我国特有种。深圳七娘山、三洲田、梧桐山等山地和公园草地有分布。喜生于海拔 300m 以下的山坡草地。种群数量较多。

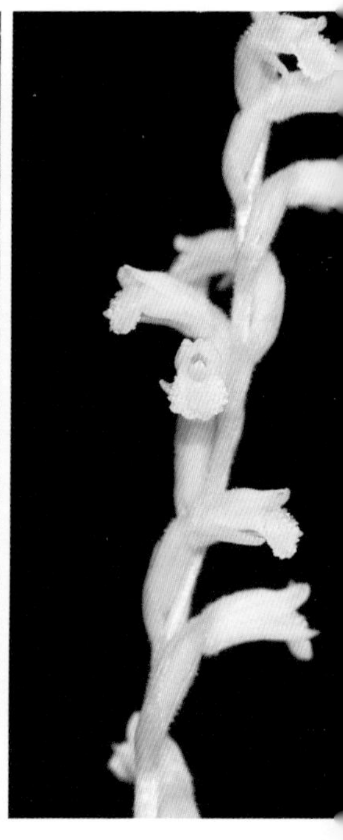

绶草 *Spiranthes sinensis* (Pers.) Ames

地生植物，高 12～30cm。叶片宽线形或宽线状披针形，先端急尖或渐尖。花小，呈螺旋状扭转，紫红色、粉红色或白色；中萼片狭长圆形，先端稍尖，与花瓣靠合呈兜状；侧萼片斜披针形，先端稍尖；花瓣斜菱状长圆形，先端钝；唇瓣宽长圆形，基部浅囊内生有 2 枚棒状腺点。花期 7～8 月。

深圳较常见，七娘山、南澳、排牙山、马峦山、三洲田、梧桐山等山地和公园草地均有分布，喜生于海拔 50～600m 的山坡林下、灌丛下或草地。种群数量较多。

舌唇兰属 *Platanthera* Rich.

小舌唇兰

Platanthera minor (Miq.) Rchb. f.

地生植物，高 25～60cm。叶片椭圆形、卵状椭圆形或长圆状披针形，先端急尖或圆钝。花黄绿色；中萼片宽卵形，先端钝或急尖；侧萼片稍斜椭圆形，先端钝；花瓣斜卵形，先端钝，与中萼片靠合呈兜状；唇瓣舌状，先端钝。花期 5～7 月。

深圳分布于七娘山、梅沙尖。喜生于海拔 250～700m 的山坡林下或草地。种群相对较稳定。

白蝶兰属 *Pecteilis* Raf.

龙头兰

Pecteilis susannae (L.) Rafin.

地生植物，高 50～120cm。叶片卵形至长圆形。花大，白色，芳香；中萼片阔卵形或近圆形，先端圆钝；侧萼片为稍偏斜的宽卵形，先端钝；花瓣线状披针形；唇瓣 3 裂；中裂片线状长圆形；侧裂片近扇形，外侧边缘呈蓖状或流苏状撕裂。花期 7～9 月。

深圳仅分布于大鹏半岛，喜生于海拔 50～300m 的山坡灌木丛中。人为采挖严重，种群数量急剧减少，仅剩几株，极危。

阔蕊兰属 *Peristylus* Bl.

长须阔蕊兰

Peristylus calcaratus (Rolfe) S. Y. Hu

地生植物，高 25 ~ 80cm。叶片椭圆状披针形，先端渐尖、急尖或钝尖。花小，淡黄绿色；中萼片长圆形，先端钝；侧萼片斜长圆形，先端钝；花瓣斜卵状长圆形，先端钝；唇瓣 3 深裂；中裂片狭长圆状披针形，先端钝；侧裂片丝状，与中裂片约成 90° 的夹角；距棒状或带纺锤形，与中萼片等长或较长，末端钝，2 浅裂。花期 7 ~ 10 月。

深圳分布于三洲田、梧桐山。喜生于海拔 250 ~ 800m 的山坡草地或林下。种群数量稳定。

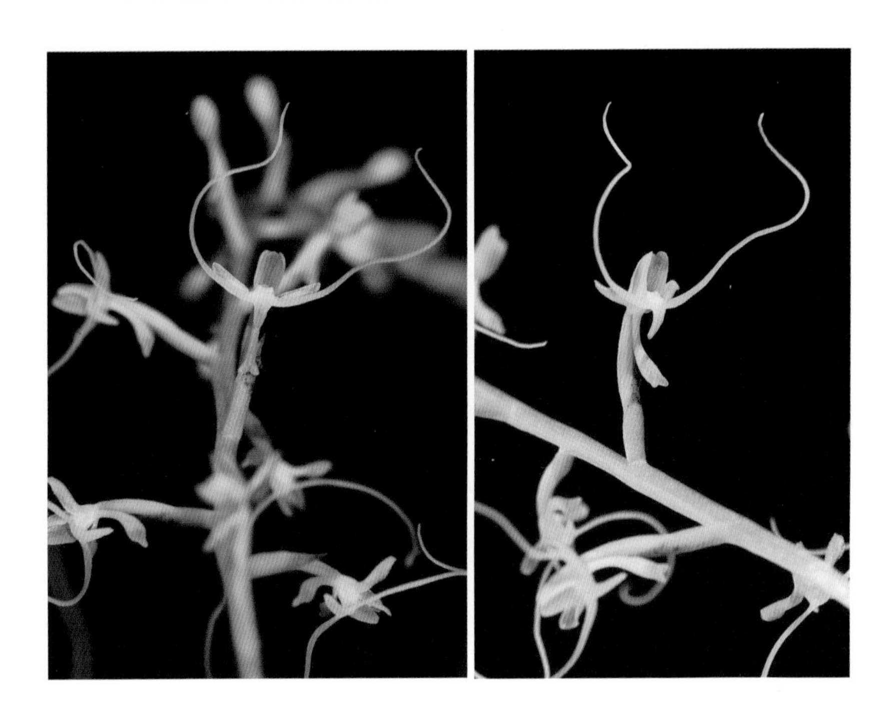

台湾阔蕊兰

Peristylus formosanus (Schltr.) T. P. Lin

地生植物，高 20～50cm。叶片椭圆形或卵状披针形，先端钝。花小，白色；中萼片卵形，先端圆钝；侧萼片长椭圆形，先端近钝；花瓣椭圆形，先端稍钝；唇瓣 3 裂；侧裂片丝状，与中裂片近成 90°夹角伸展；中裂片舌状。花期 8～12 月。

深圳分布于梧桐山，喜生于海拔 300m 以下的开旷、向阳地上。种群数量稀少，较罕见，极危。

撕唇阔蕊兰

Peristylus lacertifer (Lindl.) J. J. Sm.

地生植物，高 15 ~ 50cm。叶片长圆状披针形或卵状披针形，先端急尖。花小，常绿白色或白色；中萼片卵形，先端急尖；侧萼片卵形，先端急尖；花瓣卵形，先端钝；唇瓣 3 裂；中裂片舌状；侧裂片线形或线状披针形。花期 7 ~ 10 月。

深圳梧桐山有分布，喜生于海拔 400 ~ 700m 的山坡林下或山坡草地向阳处。种群数量相对较多、较稳定。

短裂阔蕊兰

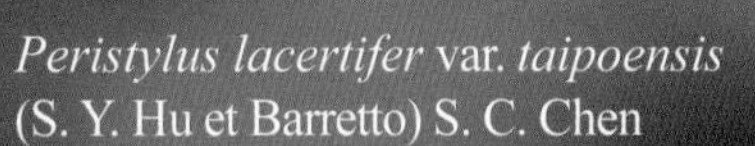

Peristylus lacertifer var. *taipoensis* (S. Y. Hu et Barretto) S. C. Chen

短裂阔蕊兰与撕唇阔蕊兰形态极其相似，主要不同点是短裂阔蕊兰的唇瓣侧裂片短于中裂片，花较白，较小。花期 8 月。

我国特有种。深圳梧桐山有分布，喜生于海拔 600～700m 的山坡林下或山坡草地向阳处。种群数量稳定。

触须阔蕊兰

Peristylus tentaculatus (Lindl.) J. J. Sm.

地生植物，高 16～60cm。叶片卵状长椭圆形或披针形，先端短尖或急尖。花小，绿色或黄绿色；中萼片长圆形，先端钝；侧萼片呈偏斜的长圆形，先端钝；花瓣斜卵状长圆形，先端钝；唇瓣 3 深裂；中裂片狭长圆状披针形，先端钝；侧裂片叉丝状。花期 2～4 月。

深圳分布于七娘山、梧桐山，喜生于海拔 600～900m 的山坡潮湿地或荒地上。种群数量相对较多。

玉凤花属 *Habenaria* Willd.

鹅毛玉凤花

Habenaria dentata (Sw.) Schltr.

地生植物，高 40～90cm。块茎肉质，长圆形。茎粗壮，直立，疏生 3～5 枚叶。叶片长椭圆形，边缘具狭的白色镶边。花白色，较大，开展；中萼片宽卵形，直立，凹陷，与花瓣靠合呈兜状；侧萼片张开，斜卵形；花瓣直立，镰状披针形；唇瓣宽倒卵形，3 裂；侧裂片近半圆形，前部边缘具锯齿；中裂片舌状披针形；距口周围具凸出物。花期 8～10 月。

深圳分布于梧桐山、大鹏半岛，喜生于低海拔的山坡草丛。种群数量稳定。

细裂玉凤花 *Habenaria leptoloba* Benth.

地生植物，高16～35cm。根状茎块状，长圆形。茎纤细，直立，近基部具5～6枚叶。叶片线形，先端渐尖。花小，淡黄绿色，萼片淡绿色，花瓣绿白色，唇瓣黄色；中萼片宽卵形，与花瓣靠合呈兜状；侧萼片斜卵状披针形，反折；花瓣直立，斜卵形；唇瓣3深裂，裂片线形，侧裂片叉开；距细圆筒状，长于子房。花期8～9月。

我国特有种。深圳分布于梅沙尖、七娘山、三洲田，喜生于低海拔的沟谷边阴湿处。种群数量稳定。

坡参

Habenaria linguella Lindl.

地生植物，高 20 ~ 80cm。茎直立，疏生 3 ~ 4 枚叶。叶片狭长圆形，先端渐尖。花小，黄色；中萼片宽椭圆形，直立，凹陷，与花瓣靠合呈兜状；侧萼片斜宽倒卵形，反折；花瓣直立，斜狭卵形或斜狭椭圆形；唇瓣 3 裂；中裂片线形；侧裂片钻状，叉开。花期 6 ~ 8 月。

深圳分布于排牙山、马峦山、梧桐山、七娘山，喜生于海拔 400 ~ 800m 的林下山坡或草地。人为采挖严重，种群数量逐渐减少，濒危。

橙黄玉凤花

Habenaria rhodocheila Hance

地生植物，高 8～40cm。茎较粗壮，直立，具 4～6 枚叶。叶片线状披针形。花中等大，萼片和花瓣绿色，唇瓣橙黄色至红色；中萼片直立，近圆形，与花瓣靠合呈兜状；侧萼片长圆形，反折；花瓣直立，匙状线形；唇瓣卵形，3 裂，侧裂片长圆形；中裂片 2 裂，裂片近半卵形，叉开。花期 7～8 月。

深圳分布较广泛，马峦山、梧桐山、七娘山等各山地均有零星分布，喜生于海拔 200～700m 的阔叶林下沟谷边阴处地上或岩石覆土上。种群数量相对较多。

无叶兰属 *Aphyllorchis* Bl.

无叶兰

Aphyllorchis montana Rchb.f.

腐生植物，高 40～70cm。茎直立，具多枚膜质鞘，无绿叶。花苞片反折，线状披针形。花水平展开，黄色或棕黄色；中萼片舟状；侧萼片稍短；花瓣近长圆形，较短；唇瓣肉质，有纹理；后唇凹，具 2 枚三角状披针形的翅；前唇卵形，不明显 3 裂，边缘波浪状。花期 6～9 月。

深圳梧桐山有采集标本记录。喜生长在海拔 700m 左右的林下落叶层腐殖质丰富的地方，十分罕见。

竹茎兰属 *Tropidia* Lindl.

竹茎兰

Tropidia nipponica Masam.

地生植物，高达 60cm。叶片椭圆形或卵状披针形，先端急尖。花近白色，不扭转；中萼片卵状披针形，先端钝；侧萼片几乎完全合生成合萼片，倒披针形，先端 2 裂；花瓣椭圆形，先端急尖；唇瓣卵状披针形，先端反折，基部囊状；唇盘浅黄色，近顶端增厚。花期 6 月。

深圳分布于排牙山，喜生长在海拔 300 ~ 500m 的阔叶林下溪谷边。种群数量稀少。

短穗竹茎兰

Tropidia curculigoides Lindl.

地生植物，高 30～70cm。叶窄椭圆状披针形或窄披针形，纸质或坚纸质。花绿白色；萼片披针形或长圆状披针形，侧萼片基部合生；花瓣长圆状披针形；唇瓣卵状披针形或长圆状披针形，先端渐尖。花期 6～8 月。

深圳分布于七娘山、大鹏半岛，喜生于海拔 250～800m 的林下或沟谷旁阴处。种群数量较稳定。

天麻属 *Gastrodia* R. Br.

北插天天麻

Gastrodia peichatieniana S. S. Ying

腐生植物，高10～40cm，无绿叶。根状茎块状，肉质。茎淡褐色，有3～4节。总状花序具4～5朵花；花近直立，白色带淡褐色；萼片和花瓣合生成筒，顶端具5裂片；外轮裂片相似，三角形，边缘皱波状；内轮裂片较小；唇瓣小或不存在；蕊柱有翅，具腺点。花期10月。

我国特有种。深圳分布于田心山，喜生于海拔300～700m的阔叶林下腐殖质丰富地方。种群数量较稳定。

芋兰属 *Nervilia* Comm. ex Gaud.

毛叶芋兰

Nervilia plicata (Andr.) Schltr.

地生植物，块茎圆球形。叶 1 枚，花凋谢后长出，叶片上面暗绿色，有时带紫绿色，背面绿色或暗红色，心形，先端急尖。萼片和花瓣棕黄色或淡红色，具紫红色脉，线状长圆形，先端渐尖；唇瓣带白色或淡红色，具紫红色脉，摊平后为近菱状长椭圆形，近中部不明显 3 浅裂。花期 5～6 月。

深圳分布于梧桐山，喜生于海拔 300～600m 的林下或沟谷阴湿处。种群数量少于 20 株，极危。

竹叶兰属 *Arundina* Bl.

竹叶兰

Arundina graminifolia (D. Don) Hochr.

地生植物，高 30～90cm。叶纸质，竹叶状。花白色或粉红色，有时着紫色；萼片相似，狭椭圆形；花瓣卵状椭圆形；唇瓣近长圆状卵形，边缘波状，3 裂；侧裂片内弯，围抱蕊柱；中裂片近方形，先端稍 2 裂；唇盘具 3～5 条褶片。花期 6～11 月，有时 1～4 月。

深圳分布广泛，马峦山、三洲田、七娘山、梅沙尖、梧桐山等山地均有分布，喜生长在低海拔的林缘开阔且向阳的溪谷旁阴湿草丛或岩石上，通常聚集成片。种群数量较多。

贝母兰属 *Coelogyne* Lindl.

流苏贝母兰

Coelogyne fimbriata Lindl.

附生植物，根状茎匍匐。假鳞茎狭卵形至近圆柱形，顶端生 2 枚叶。叶长圆形。花淡黄色，唇瓣上有红褐色斑纹或黄白色；萼片长圆状披针形；花瓣与萼片近等长；唇瓣卵形，3 裂；侧裂片直立，近卵形；中裂片近椭圆形，边缘流苏状；唇盘上具纵褶片。花期 8～10 月。

深圳各山地林下广泛分布，喜生于海拔 100～800m 的阔叶林下或溪谷边石上。种群数量较多，但人为采挖较严重，濒危。

石仙桃属 *Pholidota* Lindl. ex Hook.

细叶石仙桃

Pholidota cantonensis Rolfe.

附生植物，根状茎匍匐。假鳞茎顶生 2 枚叶，叶线形或线状披针形，先端短渐尖或近急尖。花小，白色或淡黄色；中萼片卵状长圆形，先端钝；侧萼片斜歪卵形；花瓣宽卵状菱形或宽卵形；唇瓣宽椭圆形，凹陷而呈舟状，先端近截形或钝。花期 4 月。

我国特有种。深圳分布于梧桐山、田头山、七娘山等地，喜生于海拔 400～800m 的阔叶林下阴湿石壁上。种群数量相对较多，易受人为采挖，濒危。

石仙桃

Pholidota chinensis Lindl.

附生植物，根状茎匍匐。假鳞茎狭卵形，顶生2枚叶。叶片倒卵状椭圆形、倒披针状椭圆形至近长圆形，先端渐尖、急尖或近短尾状。花白色或带浅黄色；中萼片椭圆形或卵状椭圆形；侧萼片卵状披针形；花瓣披针形；唇瓣轮廓近宽卵形，略3裂，下半部凹陷呈半球形的囊，前方的中裂片卵圆形。花期4～5月。

深圳分布广泛，七娘山、笔架山、三洲田、梅沙尖、盐田区、梧桐山等山地均较常见，喜生于海拔100～900m的林中树上或石壁上。种群数量多、分布较广，但人为采挖严重，濒危。

石豆兰属 *Bulbophyllum* Thou.

赤唇石豆兰

Bulbophyllum affine Lindl.

附生植物，根状茎匍匐。假鳞茎圆柱形，顶生 1 枚叶。叶长圆形，先端钝且稍凹入。花淡黄色带紫红色放射性条纹；中萼片披针形；侧萼片与中萼片近等长，基部稍歪斜；花瓣披针形，比萼片稍小；唇瓣肉质，披针形，短于花瓣，稍外弯。花期 5 ~ 7 月。

深圳盐田区山地有分布，喜生长在海拔 300 ~ 600m 沟谷边阔叶林下阴湿石壁上。野外种群数量相对稀少，且易受人为干扰，濒危。

芳香石豆兰

Bulbophyllum ambrosia (Hance) Schltr.

附生植物，根状茎匍匐。假鳞茎圆柱形，间隔3～9cm。叶1枚，长圆形，先端钝且凹入。花淡黄色带紫色；中萼片后弯，三角形；侧萼片斜卵状三角形，与中萼片近等长；花瓣三角形；唇瓣椭圆形，边缘稍波状，上面具浅凹的肉质褶片。花期2～5月。

深圳分布于七娘山，喜生于海拔300～800m以下的阔叶林下阴湿石头上，常聚集成片。受人为采挖的压力较大，野外种群数量逐渐减少，未被破坏原始林内保留数量尚可的野外种群。

二色卷瓣兰

Bulbophyllum bicolor Lindl.

附生植物，根状茎粗壮，匍匐。假鳞茎卵球形，顶生 1 枚叶。叶长圆形，先端钝且稍凹入。花微臭，淡黄色，基部内面具紫色斑点；中萼片和花瓣先端紫红色，唇瓣橄榄绿色，后变橘红色；中萼片长圆形，边缘具红色缘毛；侧萼片斜卵状披针形；花瓣长圆形；唇瓣卵形，外弯。花期 5 月。

我国特有种。深圳分布于盐田区山地，喜生长在海拔 300～600m 的低海拔沟谷边阔叶林下阴湿石头上。人为采挖较严重，加上自身繁殖较困难，野外种群数量稀少，极危。

直唇卷瓣兰 *Bulbophyllum delitescens* Hance

附生植物，根状茎粗壮，匍匐生根，通常分枝。假鳞茎卵状圆柱形，顶生 1 枚叶。叶长圆形或倒卵状长圆形，先端钝或急尖。花紫色；中萼片卵形，舟状，先端凹缺，中间具 1 长芒；侧萼片狭披针形；花瓣镰状披针形，先端凹缺，中间具 1 短芒；唇瓣舌状，外弯。花期 4 ~ 11 月。

深圳分布于七娘山、三洲田，喜生长在海拔 400 ~ 700m 阔叶林下沟谷边阴湿岩石上。易遭受人为的采挖，野外种群数量稀少，未被破坏的原始林内，人们较难到达的地方保留一定数量的居群，濒危。

永泰卷瓣兰

Bulbophyllum yongtaiense J.F. Liu, S.R. Lan et Y.C. Liang

附生植物，根状茎匍匐。假鳞茎卵球形，顶生 1 枚叶。叶卵状长椭圆形，先端钝。花橘红色；中萼片卵状披针形，先端长渐尖，边缘具流苏状缘毛；侧萼片线状椭圆形，近上方扭转，下侧边缘彼此粘合；花瓣斜卵状三角形，边缘具流苏状缘毛；唇瓣舌状，外弯，基部具乳突；蕊柱基部两侧各具 1 个球形附属物；药帽橙黄色，近半球形，先端齿状。花期 6～8 月。

我国特有种。深圳分布于七娘山，喜生于海拔 600m 左右的阔叶林下沟谷边阴湿石头上。种群数量少于 30 株，且易受人为采挖，极危。

齿瓣石豆兰

Bulbophyllum levinei Schltr.

附生植物，根状茎匍匐。假鳞茎聚生，近圆柱形，顶生 1 枚叶。叶狭长圆形，边缘稍波状。花白色带紫，膜质；中萼片卵状披针形，先端急尖，边缘具细齿；侧萼片斜卵状披针形，先端骤狭呈尾状；花瓣卵状披针形，边缘具细齿；唇瓣披针形，外弯。花期 5～8 月。

深圳分布于七娘山，喜生于海拔 800m 左右的山地林下沟谷边崖壁上。面临一定的人为采挖压力，野外种群数量稀少，极危。

瘤唇卷瓣兰

Bulbophyllum japonicum (Makino) Makino

附生植物，根状茎匍匐。假鳞茎卵球形，顶生 1 枚叶。叶长圆形，先端锐尖，边缘具细乳突。花紫红色；中萼片卵状椭圆形；侧萼片披针形，基部上方扭转且边缘彼此紧密靠合；花瓣近匙形，与中萼片近等大；唇瓣舌状，外弯，近先端膨大呈拳卷状；药帽先端全缘。花期 6 月。

深圳分布于七娘山，喜生于海拔 600m 左右的山地阔叶林下沟谷阴湿岩石上。种群数量稀少，面临一定的人为采挖压力，极危。

广东石豆兰

Bulbophyllum kwangtungense Schltr.

附生植物，根状茎匍匐。假鳞茎圆柱形，顶生1枚叶。叶长圆形，先端圆钝且稍凹入。花淡黄色；中萼片披针形，先端长渐尖；侧萼片比中萼片稍长；花瓣卵状披针形，先端长渐尖；唇瓣披针形，外弯，上面具2～3条龙骨脊；蕊柱齿牙齿状；药帽先端上翘，密生细乳突。花期5～8月。

我国特有种。深圳七娘山、梧桐山、排牙山、笔架山等山地均有分布，喜生长在海拔800m以下的阔叶林下岩石上。面临一定的人为采挖压力，在未被破坏的原始林内保存有数量尚多的居群。

密花石豆兰

Bulbophyllum odoratissimum (J. E. Smith) Lindl.

附生植物，根状茎匍匐。假鳞茎近圆柱形，顶生 1 枚叶。叶长圆形，先端钝且稍凹入。伞状花序密生 10 余朵花；花芳香，初开时白色，之后转变为橘黄色；中萼片卵状披针形；侧萼片较中萼片狭长；花瓣近卵形；唇瓣橘红色，舌形，外弯，边缘具白色腺毛，上面具 2 条密生细乳突的龙骨脊。花期 4 ~ 8 月。

深圳分布于梧桐山、七娘山，喜生于海拔 200 ~ 700m 的阔叶林下岩石上。人为采挖较严重，野外种群数量稀少，濒危。

斑唇卷瓣兰

Bulbophyllum pectenveneris (Gagnep.) Seidenf.

附生植物，根状茎匍匐。假鳞茎卵球形，顶生1枚叶。叶椭圆形，先端钝。花黄褐色；中萼片卵形，先端细尾状，边缘具流苏状缘毛；侧萼片狭披针形，先端长尾状，基部上方扭转且边缘彼此粘合，近先端处分叉；花瓣斜卵形，边缘流苏状缘毛；唇瓣舌状，外弯；药帽边缘具乳突。花期4～9月。

深圳分布于七娘山，喜生于海拔300～600m的山地林下岩石上。面临一定的采挖压力，在原始林内人们较难达到的地方保留数量尚可的野外居群，濒危。

羊耳蒜属 ***Liparis*** Rich.

镰翅羊耳蒜

Liparis bootanensis Griff.

附生草本，较矮小。假鳞茎卵形、密集，顶生 1 枚叶。叶狭椭圆状长圆形，先端渐尖。花序柄稍扁，两侧具狭翅；花常黄绿色，有时着褐色或近白色；萼片近长圆形；侧萼片较中萼片略宽；花瓣狭线形；唇瓣近长圆状倒卵形，先端截形并有凹缺或短尖。花期 8～10 月。

深圳分布广泛，梧桐山、马峦山、三洲田、排牙山等山地均有分布，喜生于海拔 100～800m 的阔叶林下溪谷边阴湿石壁上或树上。种群数量较多。

丛生羊耳蒜

Liparis cespitosa (Thou.) Lindl.

附生植物，较矮小。假鳞茎密集，卵形、狭卵形至近圆柱形，顶生 1 枚叶。叶倒披针形或线状倒披针形，先端渐尖。花绿色或绿白色，很小；中萼片近长圆形，先端钝；侧萼片呈略斜歪的卵状长圆形；花瓣狭线形，先端钝；唇瓣近长圆形，先端近截形而有短尖。花期 6～10 月。

深圳分布于排牙山、三洲田、梅沙尖、羊台山，喜生于海拔 300～400m 的林中或荫蔽处的树上、岩壁上或岩石上。种群数量稀少，十分罕见，极危。

低地羊耳蒜

Liparis formosana Rchb.f.

地生植物。假鳞茎圆柱形，粗壮，生有 2～5 枚叶。叶斜椭圆形或卵形，先端急尖。花序长约 30cm；花葶具翅；总状花序具 15～30 朵花。花绿色着紫色或淡紫色晕；中萼片及花瓣向前弯，中萼片披针形，侧萼片斜长圆状披针形，花瓣线形，唇瓣倒卵状椭圆形，基部具 2 裂的胼胝体；蕊柱内弯，先端具 2 枚三角形翅；药帽紫色。花期 2～5 月。

我国特有种。深圳梧桐山、七娘山、排牙山、梅沙尖等山地均有分布，喜生于海拔 300～600m 的阔叶林下。种群数量较多。

见血青

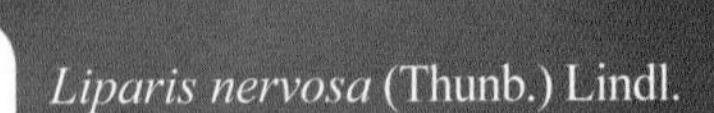

Liparis nervosa (Thunb.) Lindl.

地生植物。假鳞茎圆柱形，粗壮，生有 2～5 枚叶。叶卵形至卵状椭圆形，先端近渐尖。花紫色；中萼片线形或宽线形，先端钝；侧萼片稍斜歪，狭卵状长圆形，先端钝；花瓣丝状；唇瓣长圆状倒卵形，先端截形并微凹，基部收狭并具 2 个近长圆形的胼胝体。花期 2～7 月。

深圳分布较广泛，七娘山、排牙山、马峦山、三洲田、梅沙尖、梧桐山等山地均有分布，喜生于海拔 100～700m 的林下、溪谷旁、草丛阴处或岩石覆土上。种群数量较多。

紫花羊耳蒜

Liparis gigantea Seidenf.

地生植物，较高大。假鳞茎圆柱状，肥厚，生有 3 ~ 6 枚叶，叶椭圆形、卵状椭圆形或卵状长圆形，先端渐尖；花深紫红色，较大；中萼片线状披针形，先端钝；侧萼片卵状披针形，先端钝；花瓣线形或狭线形；唇瓣倒卵状椭圆形或宽倒卵状长圆形。花期 2 ~ 5 月。

我国特有种。深圳分布于三洲田、梧桐山、盐田，喜生于海拔 100 ~ 500m 的常绿阔叶林下阴湿的岩石覆土上或地上。种群数量相对较少。

插天山羊耳蒜

Liparis sootenzanensis Fukuy.

地生植物。假鳞茎圆柱状，粗壮。叶数枚，宽椭圆形，先端渐尖。总状花序具 10 余朵花；花淡绿色；萼片狭椭圆形，先端急尖；花瓣丝状；唇瓣倒卵形，上部边缘具细齿，唇盘具 2 枚垫状物。花期 4～5 月。

深圳分布于梧桐山，喜生于海拔 600～900m 的疏林下。种群数量相对较稳定。

扇唇羊耳蒜

Liparis stricklandiana Rchb. f.

附生植物，较高大。假鳞茎密集，长圆形，顶生 1 枚叶。叶倒披针形或线状倒披针形，先端渐尖。总状花序具 10 余朵花；花绿黄色；萼片狭倒卵形、长圆形至长圆状倒卵形，先端钝；花瓣近丝状；唇瓣扇形，先端近截形并具短尖。花期 10 月至翌年 1 月。

深圳分布于马峦山、三洲田，喜生于海拔 300 ~ 600m 的阔叶林下阴湿处。种群数量稳定。

长茎羊耳蒜

Liparis viridiflora (Bl.) Lindl.

附生植物，较高大。假鳞茎圆柱形，顶生 2 枚叶。叶线状倒披针形或线状匙形，先端渐尖并有细尖。花绿白色或淡绿黄色；中萼片近椭圆状长圆形，先端钝；侧萼片卵状椭圆形，先端钝；花瓣狭线形，先端浑圆；唇瓣近卵状长圆形，先端近急尖或具短尖头。花期 9 ~ 12 月。

深圳分布较广泛，马峦山、七娘山、三洲田、梧桐山等山地均有分布，喜生于海拔 100 ~ 600m 的林中树干上或溪谷岩石上。种群数量较多。

沼兰属 *Crepidium* Bl.

深裂沼兰

Crepidium purpureum (Lindl.) Szlach.

地生植物。假鳞茎圆柱形，生有 3～4 枚叶。叶片斜卵形或长圆形，先端短尾状渐尖。花葶直立，近无翅；花红色或偶见浅黄色；中萼片近长圆形；侧萼片宽长圆形或宽卵状长圆形，先端钝或急尖；花瓣狭线形；唇瓣位于上方，轮廓近卵状矩圆形，由前部和一对向后伸展的耳组成，先端 2 深裂；耳卵形或卵状披针形，长度约占唇瓣全长的 1/2～2/5。花期 6～7 月。

深圳分布于马峦山、羊台山，喜生于海拔约 400m 的林下或灌丛中阴湿处。种群相对较稳定。

无耳沼兰属 *Dienia* Lindl.

无耳沼兰

Dienia ophrydis (J. Koenig) Ormerod et Seidenf.

地生或半附生植物。肉质茎圆柱形，近顶端生 4～5 枚叶。叶片斜卵形至狭椭圆状披针形。花较小，紫红色至绿黄色；中萼片狭长圆形；侧萼片斜卵形；花瓣线形；唇瓣宽卵形，凹陷，先端收狭或近 3 裂，形成尾状的中裂片。花期 5～8 月。

深圳较常见，马峦山、梅沙尖、梧桐山、七娘山等山地均有分布，喜生于海拔 200～700m 林下溪谷旁阴湿处。种群数量较多。

兰属 *Cymbidium* Sw.

建兰

Cymbidium ensifolium (L.) Sw.

地生植物。假鳞茎卵球形。叶 2～6 枚，带状，边缘有时具细齿，关节距基部 2～4cm。花芳香，浅黄绿色具紫色斑块；萼片近狭长圆形；花瓣水平展开，狭椭圆形；唇瓣近卵形，不明显 3 裂；侧裂片直立，围抱蕊柱；中裂片卵形，边缘波状；唇盘上具 2 条纵褶片。花期通常为 6～10 月。

深圳分布于盐田、七娘山，喜生于海拔 200～700m 的疏林下。易受人为采挖，野外种群数量逐渐减少，在未被破坏的原始林内保留了数量尚可的居群，濒危。

寒兰 *Cymbidium kanran* Makino

地生植物。假鳞茎狭卵球形。叶 3～7 枚，带形，薄革质，暗绿色，略有光泽，近先端边缘常有细齿，关节距基部 4～5cm。花芳香，通常为淡黄绿色；萼片狭披针形；花瓣狭卵形或卵状披针形；唇瓣近卵形，不明显 3 裂；侧裂片直立；中裂片外弯；唇盘具 2 条纵褶片。花期 8～12 月。

深圳七娘山有分布，喜生于林下或溪谷旁阴湿处。种群数量稀少，十分罕见，极危。

兔耳兰

Cymbidium lancifolium Hook.

半附生植物。假鳞茎近扁圆柱形或狭梭形，有节，顶端聚生 2～4 枚叶。叶狭椭圆形，近先端边缘有细齿。花白色至淡绿色，花瓣具紫栗色脉纹，唇瓣具紫栗色斑块；萼片倒披针状长圆形；花瓣长圆形；唇瓣近卵状长圆形，3 裂；侧裂片直立；中裂片外弯；唇盘上具 2 条纵褶片。花期 5～8 月。

深圳分布于七娘山，喜生于海拔 300～700m 的阔叶林下或溪谷旁多石的地上。种群数量稀少，且易受人为采挖，极危。

墨兰 *Cymbidium sinense* (Jackson ex Andr.) Willd.

地生植物。假鳞茎卵球形。叶 3 ~ 5 枚，带形，暗绿色，关节距基部 3.4 ~ 7.2cm。花芳香，常为暗紫褐色；萼片狭椭圆形；花瓣近狭卵形；唇瓣近卵状长圆形，3 裂；侧裂片直立；中裂片外弯，边缘略波状；唇盘上具 2 条纵褶片。花期 10 月至次年 3 月。

深圳分布较广泛，梧桐山、七娘山、梅沙尖等山地均有零星分布，喜生于海拔 200 ~ 600m 的阔叶林下山坡或溪谷旁阴湿处。人为采挖严重，野外种群数量逐渐减少，在未被破坏的原始林内保留一定数量的居群，濒危。

美冠兰属 *Eulophia* R. Br.

美冠兰

Eulophia graminea Lindl.

地生植物。先花后叶，叶片线状披针形。花葶从假鳞茎一侧节上发出；花橄榄绿色，唇瓣白色具紫红色褶片；中萼片倒披针状线形；侧萼片略偏斜；花瓣近狭卵形；唇瓣近倒卵形，3 裂；唇盘上有 3～5 条纵褶片，中裂片上褶片均分裂成流苏状；基部的距圆筒状，无蕊柱足。花期 4～5 月。

深圳分布广泛，山地疏林、草坪、路边均较常见，喜生于开阔草坡或疏林下山坡阳处。种群数量较多。

无叶美冠兰

Eulophia zollingeri (Rchb.f.) J. J. Smith

腐生植物，无绿叶。花葶粗壮，褐红色，高达 80cm；花褐黄色；中萼片卵状披针形；侧萼片近长圆形，偏斜，先端渐尖；花瓣倒卵形，先端具短尖；唇瓣长圆状倒卵形，3 裂；侧裂片卵形，围抱蕊柱；中裂片卵形，上面有 5～7 条密生乳突状腺毛的粗脉；唇盘中央有 2 条近半圆形的褶片。花期 4～6 月。

深圳各山地均有分布，喜生于低海拔的疏林下或草坡上。易受人为干扰，种群数量逐渐减少，濒危。

地宝兰属 *Geodorum* Jacks.

地宝兰

Geodorum densiflorum (Lam.) Schltr.

地生植物。叶椭圆形，先端渐尖。总状花序俯垂，具2～5朵花；花白色；萼片长圆形；侧萼片偏斜；花瓣倒卵状长圆形，与萼片近等长；唇瓣宽卵状长圆形，先端略有裂缺；唇盘上有不规则的乳突或有1～2条肥厚的纵脊，基部凹陷成浅囊状。花期6～7月。

深圳梧桐山、莲塘、七娘山均有分布，喜生于低海拔的路边草坡或灌木丛。易受人为采挖，种群数量逐渐减少，濒危。

云叶兰属 *Nephelaphyllum* Bl.

云叶兰

Nephelaphyllum tenuiflorum Bl.

地生植物，植株匍匐。假鳞茎细圆柱形，叶柄状。叶卵状心形，先端急尖或近骤尖。花绿色带紫色条纹；萼片倒卵状狭披针形，先端短渐尖；花瓣匙形，先端近急尖；唇瓣近椭圆形，不明显 3 裂；中裂片近半圆形并具皱波状的边缘，先端微凹。花期 6 月。

我国特有种。深圳分布于七娘山，生于海拔 600 ~ 800m 的山坡林下。种群数量稀少，极危。

带唇兰属 *Tainia* Bl.

带唇兰

Tainia dunnii Rolfe

地生植物。假鳞茎卵状圆柱形，顶生 1 枚叶。叶狭长圆形或椭圆状披针形，先端渐尖。花黄褐色或棕紫色；中萼片狭长圆状披针形，先端急尖或稍钝；侧萼片狭长圆状镰刀形，基部具萼囊；花瓣狭长圆状披针形，先端急尖或锐尖；唇瓣整体轮廓近圆形，前部 3 裂。花期 3～4 月。

我国特有种。深圳分布于梅沙尖、大鹏、梧桐山，喜生于海拔 580～900m 的常绿阔叶林下或山间溪边。种群数量相对较稳定。

香港带唇兰

Tainia hongkongensis Rolfe

地生植物。假鳞茎卵球形，顶生 1 枚叶。叶长椭圆形，先端渐尖。花黄绿色带紫褐色斑点和条纹；萼片长圆状披针形，先端渐尖；花瓣倒卵状披针形，先端渐尖；唇瓣白色带黄绿色条纹，倒卵形，不裂，先端具短尖。花期 4 ~ 5 月。

深圳分布广泛，大鹏、七娘山、梅沙尖、田头山、三洲田、梧桐山均有分布，喜生于海拔 100 ~ 900m 的山坡林下或山间路旁。种群数量较多。

绿花带唇兰

Tainia penangiana J. D. Hook.

地生植物。假鳞茎卵球形，顶生 1 枚叶。叶长椭圆形，先端渐尖。花黄绿色带橘红色条纹和斑点，唇瓣白色带红色斑点和黄色先端；萼片长圆状披针形，先端渐尖；花瓣长圆形，先端急尖；唇瓣倒卵形，前部 3 裂；侧裂片近直立，卵状长圆形，先端钝并稍内弯；中裂片近心形或卵状三角形，先端急尖；唇盘具 3 条褶片。花期 2～3 月。

深圳分布于七娘山、三洲田、梧桐山，生于海拔 900m 以下的常绿阔叶林下或溪谷边。种群数量相对较稳定。

南方带唇兰

Tainia ruybarrettoi (S. Y. Hu et Barretto) Z. H. Tsi

地生植物。假鳞茎卵球形，顶生 1 枚叶。叶深绿色，披针形，先端锐尖。花暗红黄色；中萼片狭披针形，先端锐尖；侧萼片稍镰刀状；花瓣斜倒披针形，先端锐尖；唇瓣白色，3 裂；侧裂片卵状长圆形，先端圆钝；中裂片白色带紫色斑点，近圆形，先端锐尖。花期 3 月。

分布于深圳马峦山，喜生于海拔 300 ～ 600m 的阔叶林下。种群数量相对较稳定。

苞舌兰属 *Spathoglottis* Bl.

苞舌兰

Spathoglottis pubescens Lindl.

地生植物。假鳞茎扁球形，顶生 1～3 枚叶。叶带状或狭披针形，先端渐尖。花黄色；萼片椭圆形，先端稍钝或锐尖；花瓣宽长圆形，先端钝；唇瓣 3 裂；侧裂片直立，镰刀状长圆形；中裂片倒卵状楔形，先端近截形并有凹缺。花期 7～10 月。

深圳分布广泛，梧桐山、排牙山、七娘山、田头山、马峦山等山地较常见，喜生于海拔 200～900m 的山坡草丛中或疏林下。种群数量较多。

黄兰属 *Cephalantheropsis* Guillaum.

黄兰 *Cephalantheropsis obcordata* (Lindl.) Ormerod

地生植物，高达1m。茎直立，圆柱形，上部生 5～9 枚叶。叶长圆形或长圆状披针形。花芳香，水平展开；萼片和花瓣黄绿色，反折；萼片相似，椭圆状披针形，先端芒状；花瓣卵状椭圆形；唇瓣白色，近长圆形，3 裂，无距；侧裂片直立；中裂片近肾形，边缘皱波状，上面具一对黄色的褶片，褶片间具许多橘红色的小乳突。花期 9～12 月。

深圳分布于七娘山，喜生于海拔500～700m的阔叶林下溪谷边。易受人为采挖，在未被破坏的原始内林，人们较难到达的地方保存有一定数量的种群，濒危。

鹤顶兰属 *Phaius* Lour.

紫花鹤顶兰

Phaius mishmensis (Lindl.et Paxt.) Rchb. f.

地生植物，高 50～140cm。假鳞茎圆柱形，上部生有 5～6 枚叶。叶椭圆形或倒卵状披针形，先端急尖。花淡紫红色，唇瓣密布红褐色斑点，不甚开放；萼片椭圆形，先端稍钝；花瓣倒披针形，先端钝；唇瓣 3 裂；侧裂片围抱蕊柱，先端钝或圆形；中裂片近方形或宽倒卵形，先端微凹并具 1 短尖。花期 10 月至次年 1 月。

深圳分布于盐田、梧桐山，喜生于海拔 200～900m 的常绿阔叶林下阴湿处。易受人为采挖，种群数量稀少，极危。

鹤顶兰 *Phaius tancervilleae* (Banks) Bl.

地生植物，高 60 ~ 200cm。假鳞茎圆柱形，上部生有 2 ~ 6 枚叶。叶长圆状披针形，先端渐尖；花大，美丽，背面白色，内面暗赭色或棕色；萼片长圆状披针形，先端短渐尖；花瓣长圆形，先端稍钝或锐尖；唇瓣 3 裂；侧裂片围抱蕊柱而使唇瓣呈喇叭状；中裂片近圆形或横长圆形。花期 3 ~ 6 月。

深圳分布广泛，七娘山、三洲田、梧桐山等山地均有分布，喜生于海拔 100 ~ 800m 的沟谷边阴湿处。种群数量较稳定。

虾脊兰属 *Calanthe* R. Br.

二列叶虾脊兰

Calanthe speciosa (Bl.) Lindl.

地生植物，高 50～120cm。假鳞茎圆柱状卵形。叶 5～10 枚，二列，长圆状椭圆形。花亮黄色；萼片相似，卵状披针形；花瓣卵状椭圆形；唇瓣与蕊柱翅合生，3 裂；侧裂片近方形或卵状三角形；中裂片扇形，先端具短尖，边缘波状。花期 7～10 月。

我国特有种。深圳分布于七娘山、梅沙尖，喜生于海拔 200～700m 的林下阴湿处。人为采挖严重，野外种群数量逐渐减少，极危。

三褶虾脊兰

Calanthe triplicata (Willem.) Ames

地生植物，高 40～100cm。假鳞茎卵状圆柱形，具 3～4 枚叶。叶椭圆形或椭圆状披针形，边缘常波状。花白色，后转为橘黄色，干后变黑；中萼片反折，近椭圆形；侧萼片反折，倒卵状披针形，偏斜；花瓣反折，倒卵状披针形；唇瓣与蕊柱翅合生，3 深裂；侧裂片长椭圆形；中裂片 2 深裂，中央具 1 个短尖头；小裂片叉开，与侧裂片近等大。花期 4～5 月。

深圳分布于梧桐山、七娘山，喜生于海拔 500～800m 的常绿阔叶林下。野外种群数量稀少，易受人为采挖，濒危。

棒距虾脊兰

Calanthe clavata Lindl.

地生植物，高约 45cm。根状茎粗壮，直径约 1cm。叶 2 ~ 3 枚，基生，狭椭圆形，先端渐尖。花葶 1 或 2，从假鳞茎基部发出；总状花序密被许多黄色花；中萼片椭圆形，先端渐尖；侧萼片近长圆形，先端具芒；花瓣倒卵状椭圆形至椭圆形，先端急尖；唇瓣与蕊柱翅合生，3 裂；侧裂片耳状，直立；中裂片近圆形，基部稍收窄。花期 11 ~ 12 月。

深圳分布于梅沙尖，喜生长在海拔 300 ~ 500m 的阔叶林下阴湿处。野外种群数量稀少，易受人为干扰，极危。

毛兰属 *Eria* Lindl.

半柱毛兰

Eria corneri Rchb.f.

附生植物。假鳞茎密集，椭圆状，顶生 2～3 枚叶。叶椭圆状披针形，干时两面具灰白色小疣点。花淡黄色，唇瓣先端具紫红色斑块；中萼片卵状三角形；侧萼片镰状三角形；花瓣线状披针形，近等长于侧萼片；唇瓣卵形，3 裂；侧裂片半圆形，近直立；中裂片卵状三角形，上面具多条密集的鸡冠状或流苏状褶片；唇盘上面具 3 条波状褶片。花期 8～9 月。

深圳分布于梧桐山、七娘山，喜生于海拔 400～700m 的林中树上或林下岩石上。种群数量较稳定。

蛤兰属 *Conchidium* Griff.

蛤兰

Conchidium pusillum Griff.

附生植物，极矮小，高仅 1 ~ 2cm。假鳞茎密集，成对生，近球形或扁球形，顶生 2 或 3 枚叶。叶倒卵状披针形、倒卵形或近椭圆形。花小，白色或淡黄色；中萼片卵状披针形；侧萼片卵状三角形，稍偏斜；花瓣披针形；唇瓣披针形或近椭圆形，中上部边缘不规则细齿状，唇瓣具 2 或 3 条纹。花期 10 ~ 11 月。

深圳分布于梅沙尖、七娘山，喜生于海拔 300 ~ 700 米的沟谷边覆盖苔藓的石上。野外居群较少，种群数量相对稳定。

绒兰属 *Dendrolirium* Bl.

白绵绒兰

Dendrolirium lasiopetalum (Willd.) S. C. Chen et J. J. Wood

附生植物，根状茎匍匐。假鳞茎纺锤形，顶生 3～5 枚叶。叶椭圆形，先端锐尖。花序轴、苞片、萼片、子房均密被白绒毛；中萼片披针形；侧萼片三角状披针形，偏斜；花瓣线形；唇瓣卵形 3 裂，裂片边缘波浪状；侧裂片倒卵形；中裂片近长圆形；唇盘上具倒卵状披针形的增厚区。花期 1～4 月。

深圳分布于七娘山，喜生于海拔 300～700m 的阔叶林下树干上或溪谷边岩石上。易受人为采挖，种群数量逐渐减少，濒危。

宿苞兰属 *Cryptochilus* Wall.

玫瑰宿苞兰

Cryptochilus roseus (Lindl.) S. C. Chen et J. J. Wood

附生植物。假鳞茎卵形，顶生 1 枚叶。叶披针形或长圆状披针形。花白色或淡红色；中萼片卵状长圆形，背面龙骨状突起；侧萼片三角状披针形，背部龙骨状；花瓣近方形；唇瓣倒卵状椭圆形或近卵形，3 裂；侧裂片紫红色，稍外弯，半卵形；中裂片白色近匙形，具亮黄色褶片。花期 1～2 月。

我国特有种。深圳分布于三洲田、七娘山，梧桐山，喜生于海拔 300～700m 的阔叶林下阴湿石壁上。易受人为采挖，种群数量逐渐减少，在深圳原始林内人们较难到达的地方保留了一定数量的居群，濒危。

牛齿兰属 *Appendicula* Bl.

牛齿兰

Appendicula cornuta Bl.

附生植物。茎丛生，直立或下垂，具多枚叶。叶近长圆形，二列互生，先端微凹或不等2裂。花白色；中萼片椭圆形，凹陷；侧萼片斜三角形；花瓣卵状长圆形；唇瓣近长圆形，边缘皱波状，近中部缢缩，近先端具1枚肥厚的褶片状附属物，近基部具1枚向后伸展、宽舌状且边缘内弯的膜片状附属物。花期7～8月。

深圳分布于七娘山，喜生长在林下沟谷边阴湿石壁上。人迹罕至的原始林内保存有数量尚可观的种群，濒危。

蛇舌兰属 *Diploprora* J. D. Hook.

蛇舌兰

Diploprora championii (Lindl. ex Benth.) J. D. Hook.

附生植物，茎圆柱形，常下垂，长 3～20cm。叶斜长圆形，先端具不等大的 2～3 个尖齿。花芳香，开展，萼片和花瓣淡黄色，唇瓣白色带玫瑰色；萼片相似，长椭圆形；花瓣比萼片较小；唇瓣中部以下凹陷呈舟形，无距，稍 3 裂；侧裂片直立；中裂片向先端骤然收狭且叉状 2 裂，上面中央具 1 条肥厚的脊突。花期 2～8 月。

深圳分布较广泛，喜生于海拔 200～800m 的阔叶林下或溪谷边石上。种群数量较多。

脆兰属 *Acampe* Lindl.

多花脆兰

Acampe rigida (Buch.-Ham. ex J. E. Smith) P. F. Hunt

附生植物，茎粗壮，长达 1m。叶近肉质，舌状。花不完全展开，芳香；萼片和花瓣黄色带紫褐色横纹；唇瓣白色，具紫红色纵条纹；萼片等大，长圆形；花瓣狭倒卵形；唇瓣三裂，侧裂片和中裂片近直立；中裂片近方形，侧裂片卵状舌形。蕊柱粗短，两侧紫红色。花期 7～9 月。

深圳分布于七娘山及周边，喜生于低海拔的阔叶林下树干上或溪谷边岩石上，常聚生成群。易受人为采挖，在人迹罕至的原始林内保留数量相对较多的种群，濒危。

隔距兰属 *Cleisostoma* Bl.

大序隔距兰

Cleisostoma paniculatum (Ker Gawl.) Garay

附生植物，茎扁圆柱形，长达 30cm。叶狭长圆形或带状，先端不等 2 裂。圆锥花序具多数花；花开展，黄绿色，内面紫褐色；中萼片近长圆形，凹的；侧萼片约等大于中萼片，稍偏斜；花瓣稍小于萼片；唇瓣 3 裂；侧裂片直立，三角形；中裂片先端向上内弯呈喙状，基部两侧向后伸长为钻状裂片，上面具纵向的脊突。花期 5～9 月。

深圳分布于梅沙尖，七娘山，喜生于海拔 200～600m 的常绿阔叶林林下岩石上。人为干扰较严重，深圳野外种群数量逐渐减少，濒危。

尖喙隔距兰

Cleisostoma rostratum (Lodd. ex Lindl.) Garay

附生植物，茎圆柱形，长 20～50cm。叶狭披针形，近先端收窄成喙状。总状花序疏生许多花；花开展，萼片和花瓣黄绿色带紫红色条纹，唇瓣紫红色；中萼片近椭圆形，舟状；侧萼片略宽于中萼片，稍偏斜；花瓣近长圆形；唇瓣 3 裂，侧裂片直立，钻形；中裂片狭卵状披针形。花期 7～8 月。

深圳分布于马峦山、七娘山，喜生于海拔 300～600m 的常绿阔叶林中阴湿石壁上。易受人为采挖，原始林内人们较难到达的地方保留有一定数量的居群，濒危。

广东隔距兰

Cleisostoma simondii var. *guangdongense* Z. H. Tsi

附生植物，茎细圆柱形，长达 50cm。叶肉质，细圆柱形。总状或圆锥花序具少数至多数花；萼片和花瓣黄绿色带紫红色脉纹，唇瓣侧裂片紫红色，中裂片白色；中萼片长圆形；侧萼片稍斜长圆形；花瓣长圆形；唇瓣 3 裂；侧裂片直立，三角形；中裂片卵状三角形。花期 9 月。

我国特有种。深圳马峦山、七娘山、梧桐上、笔架山等山地均有分布，喜生于海拔 200 ~ 600m 的林下岩石上。种群数量较多。

寄树兰属 *Robiquetia* Gaudich.

寄树兰

Robiquetia succisa (Lindl.) Seidenf. et Garay

附生植物，茎坚硬，长达 1m。叶二列，长圆形，先端近截头状并具啮蚀状缺刻。花不甚开放，萼片和花瓣淡黄色或黄绿色，唇瓣白色；中萼片宽卵形，先端钝；侧萼片斜宽卵形，先端近锐尖；花瓣宽倒卵形，先端钝；唇瓣 3 裂；侧裂片耳状，先端钝；中裂片肉质，狭长圆形，先端钝。花期 6～9 月。

深圳分布于马峦山，喜生于海拔 400～800m 的疏林中树干上或山崖石壁上。种群数量相对较少，濒危。

参考文献

陈利君，刘仲健，2011. 深圳拟兰，中国兰科一新种 [J]. 植物科学学报，29(1): 38-41.

陈心启，刘仲健，罗毅波，等，2009. 中国兰科植物识别手册 [M]. 北京：中国林业出版社.

金效华，李剑武，叶德平，2019. 中国野生兰科植物原色图鉴 [M]. 郑州：河南科技出版社.

金效华，杨永，2015. 中国生物物种名录·第一卷 植物·种子植物（I）[M]. 北京：科学出版社.

深圳市中国科学院仙湖植物园，2016. 深圳植物志（第 4卷）[M]. 北京：中国林业出版社.

潘云云，张寿洲，王晓明，等. 2015. 深圳地区野生兰科植物资源及其区系特征 [J]. 亚热带植物科学，44(2): 116-122.

徐志宏，蒋宏，叶德平，等，2010. 云南野生兰花 [M]. 昆明：云南科技出版社.

中国科学院华南植物园，2006. 广东植物志（第七卷）[M]. 广州：广东科技出版社：406.

中国科学院中国植物志编委员，1999. 中国植物志（第十八卷）[M]. 北京：科学出版社.

钟诗文，2008. 台湾野生兰（上、下册）[M]. 台北：台湾“行政院”农业委员会林务局，台湾植物分类学会.

钟诗文 , 2015. 台湾野生兰图志 [M]. 台北 : 猫头鹰出版 .

Wu Z Y, Raven P H, 2009. Flora of China, Vol. 25: Orchidaceae[M]. Beijing: Sciences Press; St. Louis : Missouri Botanical Garden Press.

Gloria Barretto, Phillip Cribb, Stephan Gale, 2011. The Wild Orchids of Hong Kong [M]. HongKong: Natural Histrory Publications.

Liu J F, Li M H, Lan S R, et al.,2018. Bulbophyllum yongtaiense (Orchidaceae, Epidendroideae, Dendrobiinae), a new species from Fujian, China: Evidence from morphological and molecular analyses [J]. Phytotaxa, 349 (3): 281-286.

Liu Z J, Chen L J, Liu K W, 2012. Neuwiedia malipoensis, a New Species (Orchidaceae, Apostasioideae) from Yunnan, China[J]. Novon, 22: 43-47.

Mark W. Chase, Kenneth M. Cameron, et al., 2015. Freudenstein, et al. An updated classification of Orchidaceae[J]. Botanical Journal of the Linnean Society, 177: 151-174.

中文名索引

L

M

N

P

Q

S

T

W

X

Y

Z

拉丁名索引

A

B

C

D

E

S

T

V

Z

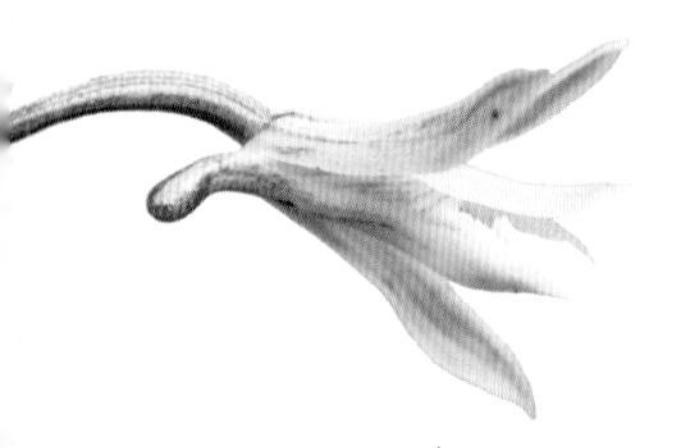